TESTER001

Sorbet

TESTER
Sorbet

冰砂大全

112道最流行的冰砂

蔣馥安 著

33道新鮮水果冰砂

9道咖啡紅茶冰砂

14道調味冰砂

8道水果花草茶冰砂

16道果粒冰砂

8道花式冰砂

24道星座冰砂

朱雀文化事業有限公司 出版

目錄 Contents * Co

nts * Contents * Contents

水果花草茶冰砂、果粒冰砂
Fruit and Flower Tea Sorbet
& Fruit Granule Sorbet

花式冰砂、星座冰砂
Cocktail Sorbet
& Constellation Sorbet

關於開店，你可以知道更多
Open your own shop

*How to Use

本書使用須知

本書包含112道時下最流行的冰砂，並提供詳盡的工具材料圖說、製作可口冰砂的祕訣及開店前的籌備工作，除了在家暢飲、招待客人外，也可以做為將來開店的參考依據。每道冰砂都是經由專業老師精心調配，一試再試，只為了讓你品嘗到最甜美的滋味；熟悉配方後，不妨再創造屬於自己的獨特口味冰砂，你將會發現冰砂世界是多麼有趣且千變萬化。

1.食譜內容

分為家用（家庭）與商用（開店）兩部分，68道家用食譜採用天然的水果，利用家中的果汁機攪打，就可以做出媲美市面上的冰砂；44道商用冰砂，考慮到水果生產的季節有異，以及營業成本，多採用濃縮果汁來製作。

2.食譜份量

每杯份量皆為350c.c.，若須大量製作，只要按照材料份量等比例增加即可。

3.稱量單位

材料份量愈正確愈容易做成功，所以稱量動作一定要確實，才不會做出太稀、太濃稠或無味的冰砂；而糖水、蜂蜜或果糖的甜度，可依個人喜好酌量增減。單位換算請參考表❶。

4.材料重量換算

書中所使用的水果，除了較難論斷大小的西瓜、木瓜、哈密瓜、鳳梨及蘋果等，或體積小於1/6等份者，以g.（公克）計量，其他水果均以一般常見的中型為主，計量單位為個、粒，重量參考依據表❷。

表❶：稱量單位說明

液體容量換算
1大匙＝15c.c.
1小匙＝5c.c.
1/2小匙＝2.5c.c.
1/4小匙＝1.25c.c.
1oz.（盎司）＝30c.c.
1/2oz.＝15c.c.

重量換算
1公斤＝1,000g.
1台斤＝600g.

表❷：材料重量換算說明

材料重量
檸檬1個150g.，可壓汁30c.c.
柳橙1個150g.，可壓汁45c.c.
金桔1粒3g.，可壓汁4c.c.
奇異果1個66g.
百香果1個15g.
草莓1粒18g.
葡萄1粒6g.
小藍莓1粒4g.
烏梅1粒2g.
桑葚1粒2g.
冰淇淋1大球40g.
1中球35g.
1小球30g.

製作冰砂的工具 *Utensils

想做出好喝的冰砂，到底要準備哪些工具和材料呢？其實種類並不多，只要多加了解它們的功用，充分應用隨手可得的水果、蔬菜、花草茶葉及咖啡，就可以製作出千變萬化的好吃冰砂。

冰砂機
Smart Blender

屬商業用果汁機，一台約需10,000~20,000元，可直接將冰塊攪打成泥狀，節省很多時間。

果汁機 Blender

可將水果、蔬菜、冰塊攪打成泥狀，做成蔬果汁或冰砂；冰塊在攪打前要先以冰袋包好，利用敲冰器敲碎後再放入果汁機中，如此果汁機才不會損壞。

磅秤 Scale

一般家庭使用以1公斤較適宜，選購時須注意是否有貼「衡器檢定合格單」，才不會買到劣質的磅秤。

量匙 Measuring Spoons

大型超市、烘焙器材行均有售，每一組包括4支大小不同的量匙，

1大匙＝15c.c.、
1小匙＝5c.c.、
1/2小匙＝2.5c.c.、
1/4小匙＝1.25c.c.。

量杯
Measuring Cup

測量液體、食物的計量杯，以刻度清楚、透明度高，容易辨識清楚為選購原則。

敲冰器
Knock Ice Cube tool

方便敲碎冰塊，至大型超市或五金行購買，也可以新的鐵鎚代替，但千萬別再拿去敲釘子，很不衛生的。

冰袋 Ice Cube Bag

以乾淨堅固的布縫成袋子，將冰塊包在裡面，敲成碎冰；每次使用完須曬乾後再收藏。也可直接以厚布包裹冰塊再敲碎。

酒吧長匙 Bar Spoon

攪拌溶液的工具，也可以利用長湯匙或筷子攪拌。

盎司杯 Measurer

測量液體容量的工具，一端為1oz.，另一端為1/2oz.容量；每1oz.約為28c.c.～30c.c.。

杯子 Cup

裝盛冰砂、果汁的透明杯子，或漂亮優雅的杯子，本書所運用的杯子均以350c.c.容量為標準。

雪克壺 Shaker

又稱雪克杯，以不鏽鋼材質最理想；是搖勻果汁、紅茶或雞尾酒的工具，倒入杯中，表面會有一層泡沫。

壓汁器 Extracter

有手動及電動兩種，可將檸檬、柳橙、葡萄柚等水果壓成汁，超市、電器用品店均有販售。

砧板 Chopping Board

切水果、蔬菜須有專用的砧板，不宜和肉類砧板混合使用。

水果刀 Fruit Knife

多數的水果皆是生食，所以切割水果須有固定的刀具，不宜選擇肉類刀具來切水果，以符合衛生。

削皮刀 Peeler

去除水果皮（如蘋果、柳橙）時很方便又安全，超市及五金行皆可買到。

過濾網 Sieve

過濾茶渣、殘渣，使果汁及茶水清澈；可依個人需要選擇尺寸，大型超市、五金行均有售。

咖啡壺 Coffe Kettle

煮咖啡的器具可自由選擇，建議使用義大利蒸餾咖啡壺（又稱摩卡壺）或虹吸式咖啡壺，不僅較經濟，煮出來的咖啡才會香濃好喝。義大利蒸餾咖啡壺是利用高壓蒸氣萃取咖啡，外型輕巧美觀、價格約1,000~2,000元；虹吸式咖啡壺是利用下壺水透過真空管上升到上壺與咖啡粉接觸，待融解後便熄火，讓咖啡下降至下壺中，一台約1,000~2,000元。

製作冰砂的材料 * Ingredents

水果 Fruit

可選擇當季生產的各種新鮮水果，使用前務必洗淨並去皮，以免殘留農藥；果肉容易變色的水果（如蘋果、梨等），可先以少許鹽水浸泡。本書中所使用的水果大小以中型為主，建議各買1~2個。

濃縮果汁 Condensed Fruit Juice

開店考慮到成本問題，通常以濃縮果汁代替水果，常用的口味有柳橙、鳳梨、百香果、檸檬等，可至大型超市及食品材料行購買。使用前以濃縮果汁、冷開水1：5的比例稀釋成水果汁（如柳橙濃縮汁1oz.、水5oz.拌勻成柳橙汁）；也可以使用市售100%的原汁，加入1倍的冷開水量稀釋即可（如鳳梨原汁1oz.、水1oz.拌勻）。

糖漿 Syrup

商業用材料，經由加工製成的各種水果糖漿，如藍柑汁、紅石榴汁、杏仁糖漿、鳳梨糖漿等。

花草茶葉
Flower and Plant Leaves

可至百貨公司的超市、香料行、茶葉店購買乾燥花草茶葉（如玫瑰花、茉莉花、紫羅蘭、迷迭香、薰衣草、薄荷等），須注意花瓣及茶葉的顏色是否變色或枯萎，用不完可以放冰箱冷藏，但切忌放置過久，以免不新鮮。

果粒茶葉
Fruit and Plant Granule Leaves

由各種乾燥水果果實、植物製成，富含豐富維他命C，具養顏美容的功效，可依個人喜好選擇口味，花茶店及大型超市均售。

紅茶 Black Tea

紅茶具幫助腸胃消化、利尿、消水腫的功能，可使用市售紅茶包，沖泡的水溫不可過高（約90℃），否則紅茶會變澀。

咖啡 Coffee

咖啡有粉狀及豆子兩種，後者需自己磨碎。口味有很多種（如藍山、巴西、摩卡、義大利咖啡等），可依個人喜好選擇。

粉類
Assorted Powder

開店業者常用的材料，口味很多種，如芋頭粉、綠豆粉、椰子粉、可可粉等，可至材料行購買；一般家庭可選擇新鮮的綠豆、芋頭代替。

鮮奶 Milk

分全脂、低脂、高鈣三種，製作飲料盡量選擇全脂，如此味道才會香濃；怕胖的人，也可以選擇低脂鮮奶，但口味較差。

煉乳
Condensed Milk

利用新鮮生奶加蔗糖經殺菌濃縮，再裝罐密封，比一般鮮奶甜，超市均可買到，1罐約60~70元。

白汽水 Soda

指一般的七喜、雪碧、黑松及蘇打汽水，七喜味道較不甜；雪碧、黑松味道稍甜，三者皆適合家用冰砂。蘇打汽水為開店常用的材料，以蘇打槍、子彈加壓而成。

蜂蜜 Honey

由花粉中提煉出來的濃稠性糖漿，加入飲料中可以增添美味，因具甜味，可依個人喜好酌量添加。

果糖 Fructose

市售的各式果糖均可，果糖糖份濃度有65％及90％兩種，濃度65%的果糖可直接製作糖水，不需以冷開水稀釋；糖份濃度90%果糖，則須稀釋再使用，不可直接倒入果汁機中，果糖如果太甜會吸走冰砂本身的香味，不夠甜則香味不易釋放出來；若有時間也可以自製糖水（做法見P.11）。

酒 Wine

蘭姆酒是最常使用的酒類，由甘蔗汁提煉而成，顏色呈琥珀色，具濃烈的甜味；其他常用的包括白蘭地酒、葡萄酒等。

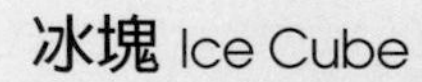

冰塊 Ice Cube

可利用家裡冰箱的製冰盒結冰塊，或直接至超市買現成袋裝的冰塊，但自製的冰塊較衛生。

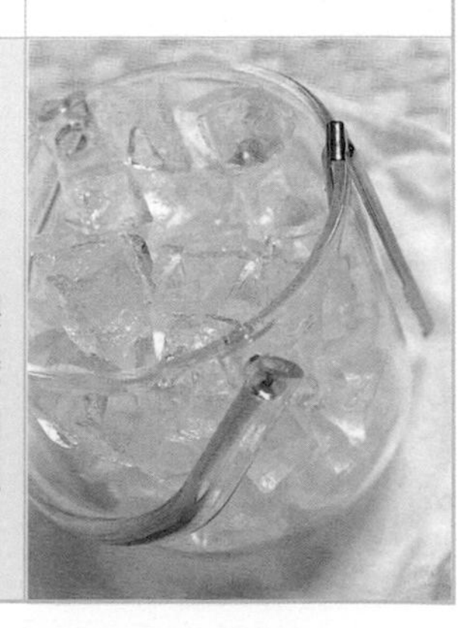

Step by Step
做出可口好喝的**冰砂**

全世界正在流行的冰砂，不僅夏天廣受歡迎，秋冬也延續發燒，餐飲業者紛紛將其列入下午茶主打商品之一。

其實做冰砂並不難，只要將手邊容易取得的材料，如水果、咖啡、花草茶、香料，加入冰塊及果糖，以果汁機或冰砂機攪打，就可以嘗到像小石子般細細沙沙、濃稠又有嚼感的冰砂了。

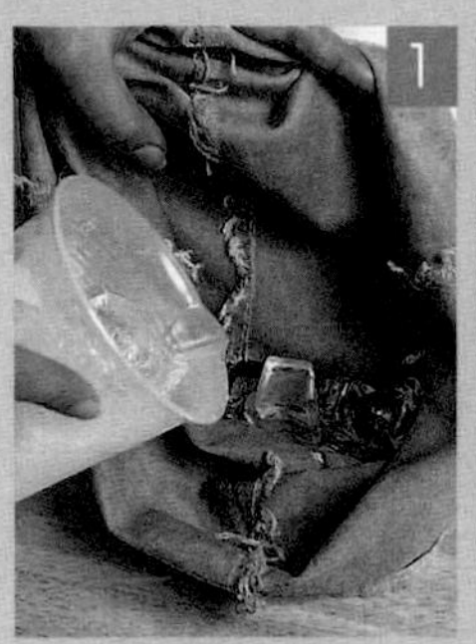

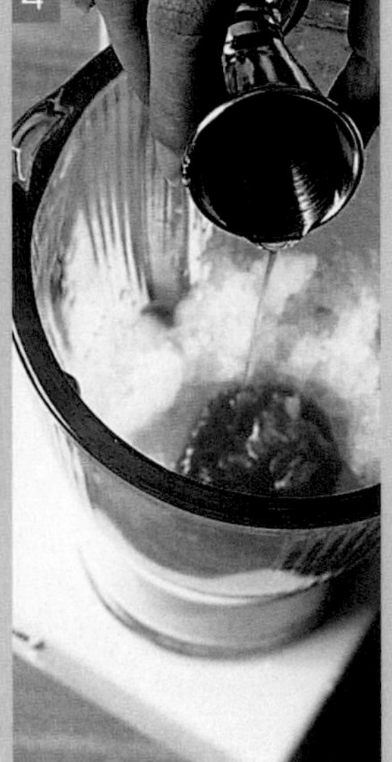

✻做法

1. 冰塊放入冰袋（或堅固的厚布）中包好。
2. 以敲冰器將冰塊敲碎。
3. 水果洗淨切小塊，或以湯匙挖出果肉備用。
4. 將碎冰、果肉及其他材料放入果汁機中。
5. 以高速先攪打10秒鐘，再以酒吧長匙略微拌一拌後，繼續攪打20秒鐘即可。

＊若以冰砂機攪打，冰塊不須敲碎，轉高速攪打20秒鐘即可。

✻做出好喝冰砂的訣竅

*1.*材料須新鮮，確實洗淨。

*2.*所有材料的份量要確實測量，不可任意刪減，材料過少會沒味道；過多易太濃。

*3.*以果汁機製作冰砂，冰塊須敲碎，才容易攪打成細泥狀，且不傷害機器。

*4.*冰塊須放足夠，否則打出來的冰砂會太稀。

*5.*較大的水果，須先將果肉切小塊，以利果汁機攪打均勻。

*6.*市售的果糖糖份濃度有90％及65％兩種；若糖份濃度為90％，不可直接倒入果汁機中，須以果糖與冷開水2：1的比例（如：60c.c.果糖加30c.c.水拌勻）稀釋成糖水，再倒入果汁機製作冰砂，才不會太甜或無甜味。太甜的果糖會吸走冰砂本身的香味，不夠甜則香味不易釋放出來。若糖份濃度為65%，則不須以冷開水稀釋。

*7.*自製糖水做法如下：
以650g.細砂糖加上600c.c.水煮滾即可，可一次多煮些，放冰箱冷藏備用。

For The Largest Part Fruit Consists Of Water Just like the human body does. If you think about it, it's logical to consume food that contains as much water as your body does. Fruit Is 100% Cholesterol Free.

Part 1

新鮮水果冰砂

Fresh Fruit Sorbet

草莓冰砂 Strawberry Sorbet

＊材料

草莓7粒、糖水45c.c.、
白汽水15c.c.、碎冰250g.

＊做法

1.草莓洗淨去蒂，切小塊。

2.碎冰、草莓及其他材料放入果汁機中，以高速先攪打10秒鐘。

3.以酒吧長匙略微拌一拌，再繼續攪打20秒鐘即可。

＊冰砂基礎步驟圖請見P.12。
＊濃縮果汁有許多口味，常用有柳橙、鳳梨、百香果、檸檬濃縮汁等，使用前以濃縮果汁、冷開水1：5的比例稀釋成水果汁（如柳橙濃縮汁30c.c.、水150c.c.拌勻成柳橙汁）；也可以使用市售100%的原汁，加入1倍的冷開水稀釋（如鳳梨原汁30c.c.、水30c.c.拌勻）。
＊市售的果糖糖份濃度有90％及65％兩種，若糖份濃度為90％，不可直接倒入果汁機中，須以果糖與冷開水2：1的比例（如60c.c.果糖加30c.c.水拌勻即可）稀釋成糖水，再倒入果汁機製作冰砂，才不會太甜或無甜味。太甜的果糖會吸走冰砂本身的香味，不夠甜則香味不易釋放出來。若糖份濃度為65%，則不須以冷開水稀釋。
＊自製糖水做法如下：以650g.細砂糖加上600c.c.水煮滾即可，可一次多煮些，放冰箱冷藏備用；甜度可依個人喜好酌量增減。
＊白汽水可選擇雪碧、黑松、七喜或蘇打汽水。
＊商用做法請見P.102。

Cantaloupe Sorbet

哈密瓜冰砂

* **材料**

哈密瓜130g.、糖水60c.c.、
白汽水30c.c.、碎冰250g.

* **做法**

1.哈密瓜洗淨，對切後去籽，以湯匙挖出130g.果肉。

2.碎冰、哈密瓜及其他材料放入果汁機中，以高速先攪打10秒鐘。

3.以酒吧長匙略微拌一拌，再繼續攪打20秒鐘即可。

＊商用做法請見P.102。

柳橙冰砂

＊材料

柳橙2個、糖水30c.c.、碎冰250g.

＊做法

1.柳橙洗淨對切，壓汁成約90c.c.備用。

2.碎冰、柳橙及其他材料放入果汁機中，以高速先攪打10秒鐘。

3.以酒吧長匙略微拌一拌，再繼續攪打20秒鐘即可。

＊商用做法請見P.102。

桑葚冰砂
蘋果冰砂

Fresh Fruit Sorbet
新 鮮 水 果 冰 砂

桑葚冰砂

＊材料

桑葚60粒、鮮奶30c.c.、
糖水45c.c.、碎冰250g.

＊做法

*1.*桑葚洗淨去蒂。

*2.*碎冰、桑葚及其他材料放入果汁機中，以高速先攪打10秒鐘。

*3.*以酒吧長匙略微拌一拌，再繼續攪打20秒鐘即可。

＊桑葚在一般超市較難見到，可至傳統市場購買，也可以選擇桑葚濃縮汁代替。
＊商用做法請見P.102。

蘋果冰砂

＊材料

蘋果200g.、煉乳30c.c.、
香草冰淇淋30g.、白汽水60c.c.、
碎冰250g.

＊做法

*1.*蘋果洗淨去皮，去核籽後取200g.果肉切小塊。

*2.*碎冰、蘋果及其他材料放入果汁機中，以高速先攪打10秒鐘。

*3.*以酒吧長匙略微拌一拌，再繼續攪打20秒鐘即可。

Kiwi Sorbet

Kiwi Sorbet

奇異果冰砂

＊材料

奇異果2個、糖水30c.c.、
白汽水15c.c.、碎冰250g.

＊做法

1.奇異果洗淨，對切後以湯匙挖出果肉備用。

2.碎冰、奇異果及其他材料放入果汁機中，以高速先攪打10秒鐘。

3.以酒吧長匙略微拌一拌，再繼續攪打20秒鐘即可。

＊商用做法請見P.103。

Orange Sorbet

Orange Sorbet

橘子冰砂

＊材料

橘子2個、糖水60c.c.、碎冰250g.

＊做法

1.橘子洗淨剝皮，切小塊。

2.碎冰、橘子及其他材料放入果汁機中，以高速先攪打10秒鐘。

3.以酒吧長匙略微拌一拌，再繼續攪打20秒鐘即可。

＊商用做法請見P.104。

Fresh Fruit Sorbet
新鮮水果冰砂

荔枝冰砂

Litchi Sorbet

＊材料

荔枝10粒、糖水45c.c.、
白汽水15c.c.、碎冰250g.

＊做法

1.荔枝洗淨，剝皮去籽。

2.碎冰、荔枝及其他材料放入果汁機中，以高速先攪打10秒鐘。

3.以酒吧長匙略微拌一拌，再繼續攪打20秒鐘即可。

＊商用做法請見P.104。

葡萄冰砂
藍莓冰砂

藍莓冰砂

* 材料

小藍莓30粒、糖水30c.c.、
白汽水15c.c.、鮮奶30c.c.、碎冰250g.

* 做法

1.小藍莓洗淨去蒂，切小塊。

2.碎冰、小藍莓及其他材料放入果汁機中，以高速先攪打10秒鐘。

3.以酒吧長匙略微拌一拌，再繼續攪打20秒鐘即可。

＊小藍莓在一般超市較難見到，可至傳統市場購買，也可以選擇小藍莓濃縮汁代替。
＊商用做法請見P.105。

葡萄冰砂

* 材料

葡萄20粒、糖水45c.c.、白汽水30c.c.、
碎冰250g.

* 做法

1.葡萄洗淨，剝皮去籽。

2.碎冰、葡萄及其他材料放入果汁機中，以高速先攪打10秒鐘。

3.以酒吧長匙略微拌一拌，再繼續攪打20秒鐘即可。

＊商用做法請見P.104。

百香果冰砂
什錦水果冰砂

Passion Fruit Sorbet

百香果冰砂

＊材料

百香果4個、糖水30c.c.、白汽水15c.c.、煉乳15c.c.、鮮奶15c.c.、碎冰250g.

＊做法

*1.*百香果洗淨對切，以湯匙挖出果肉。

*2.*碎冰、百香果及其他材料放入果汁機中，以高速先攪打10秒鐘。

*3.*以酒吧長匙略微拌一拌，再繼續攪打20秒鐘即可。

＊商用做法請見P.105。

什錦水果冰砂

＊材料

蘋果30g.、鳳梨30g.、柳橙1個、檸檬1/2個、糖水30c.c.、碎冰250g.

＊做法

*1.*蘋果洗淨去皮及核籽，取30g.果肉切小塊，鳳梨果肉切小塊，柳橙洗淨對切，壓汁成約45c.c.，檸檬洗淨對切，取1/2個壓汁成約15c.c.。

*2.*碎冰、所有果肉及其他材料放入果汁機中，以高速先攪打10秒鐘。

*3.*以酒吧長匙略微拌一拌，再繼續攪打20秒鐘即可。

＊商用做法請見P.105。

Lemon Sorbet

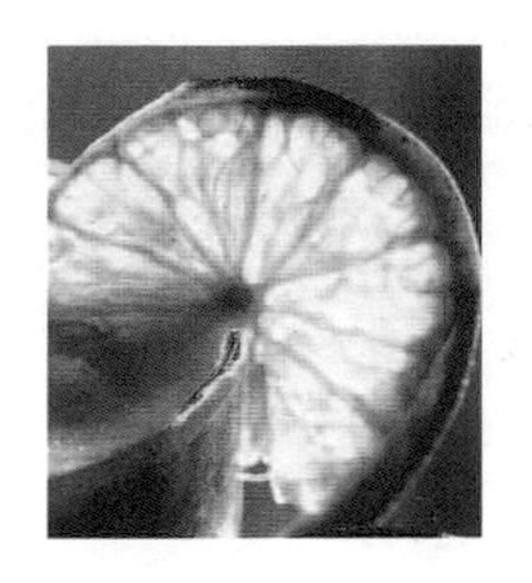

檸檬冰砂 Lemon Sorbet

＊材料

檸檬1 1/2個、蜂蜜45c.c.、碎冰250g.

＊做法

1.檸檬洗淨，去皮（取少許切碎備用），果肉再壓汁約45c.c.。

2.碎冰、檸檬汁、檸檬皮及其他材料放入果汁機中，以高速先攪打10秒鐘。

3.以酒吧長匙略微拌一拌，再繼續攪打20秒鐘即可。

＊商用做法請見P.103。

鳳梨冰砂

＊材料

鳳梨100g.、糖水45c.c.、
碎冰250g.

＊做法

*1.*鳳梨果肉切小塊。

2.碎冰、鳳梨及其他材料放入果汁機中，以高速先攪打10秒鐘。

3.以酒吧長匙略微拌一拌，再繼續攪打20秒鐘即可。

＊商用做法請見P.103。

烏梅冰砂

＊材料

烏梅15粒、烏梅汁60c.c.、
糖水30c.c.、白汽水30c.c.、
碎冰250g.

＊做法

*1.*烏梅去籽備用。

2.碎冰、烏梅及其他材料放入果汁機中，以高速先攪打10秒鐘。

3.以酒吧長匙略微拌一拌，再繼續攪打20秒鐘即可。

＊商用做法請見P.103。

Pineapple Sorbet

Black Pluma Sorbet

水蜜桃冰砂

＊材料

水蜜桃130g.、糖水30c.c.、
白汽水30c.c.、碎冰250g.

＊做法

1.水蜜桃洗淨剝皮，去核後取130g.果肉切小塊。

2.碎冰、水蜜桃及其他材料放入果汁機中，以高速先攪打10秒鐘。

3.以酒吧長匙略微拌一拌，再繼續攪打20秒鐘即可。

＊商用做法請見P.104。

蔬果冰砂

＊材料

哈密瓜120g.、西洋芹60g.、
檸檬15g.、蜂蜜30c.c.、碎冰250g.

＊做法

1.哈密瓜洗淨對切後去籽，以湯匙挖出130g.果肉，西洋芹洗淨切段，榨汁成約30c.c.，檸檬洗淨對切，以湯匙挖出15g.果肉備用。

2.碎冰、哈密瓜、西洋芹、檸檬及其他材料放入果汁機中，以高速先攪打10秒鐘。

3.以酒吧長匙略微拌一拌，再繼續攪打20秒鐘即可。

＊商用做法請見P.105。

Step by Step
做出香濃好喝的
義式咖啡

要享受香濃好喝的咖啡，建議使用義大利咖啡粉(豆)和時下流行的義大利蒸餾咖啡壺，即市面上常稱的摩卡壺來煮咖啡；利用高壓蒸氣瞬間萃取的咖啡香味特別濃厚好喝，且外型輕巧美觀、操作簡單、沖煮時間短、價格約1,000~3,000元，非常適合一般家庭使用。

✱做法

份量：60c.c.咖啡

材料：義大利咖啡粉16g.（約2大匙）、水80c.c.

1. 將水倒入咖啡壺的下壺，咖啡粉盛器放入下壺中，再倒入咖啡粉。
2. 取1張濾紙沾濕，平鋪於咖啡壺的下壺瓶口表面。
3. 上壺置於下壺上方，緊鎖後置於鐵架上。
4. 以酒精燈加熱，至蒸氣上升及水滾即可熄火。
5. 要製作冰咖啡，可將煮好的咖啡倒入雪克壺中，蓋緊蓋子。
6. 放入大鍋中，隔冰水冷卻即可。

＊酒精燈可以瓦斯爐代替，將咖啡壺放在瓦斯爐上，以大火煮至滾，轉小火續煮45秒鐘即可。雪克壺可以不鏽鋼的鍋子替代，須具耐熱耐冰的特質，以免因熱漲冷縮而造成破裂。

＊咖啡的種類：藍山味道清香順口、不具苦味，摩卡具獨特的酸性，義大利香味濃，曼特寧偏苦。

✱做出好喝咖啡的訣竅

1. 如果要沖煮份量更多的咖啡，務必等比例增加材料的份量。
2. 放入咖啡壺的咖啡粉以八分滿較佳，避免咖啡粉遇水膨脹而溢出，且容易破壞咖啡原味。
3. 沖泡咖啡的機器，選擇義大利蒸餾咖啡壺或虹吸式咖啡壺，煮出來的咖啡較香濃；也可以使用美式咖啡機煮咖啡，放入30g.咖啡粉、100c.c.水，約可煮50~60c.c.的咖啡，但口味平凡且咖啡較稀。

咖啡紅茶冰砂

Coffee and Black Tea Sorbet & Flavored Sorbet

調味冰砂

n th ... spread around the
wor ... national trade.
We'v ... he history of coffee
as w ... livided it up into five
dist ... nt legends of the

Part2

卡布奇諾冰砂

咖啡巧酥冰砂

卡布奇諾冰砂

＊材料

義大利咖啡粉16g.、水80c.c.、
鮮奶油30c.c.、蜂蜜15c.c.、
糖水30c.c.、碎冰275g.

＊做法

*1.*準備60c.c.義大利咖啡（做法見P.36）。

*2.*碎冰、咖啡及其他材料放入果汁機中，以高速先攪打10秒鐘。

*3.*以酒吧長匙略微拌一拌，再繼續攪打20秒鐘即可。

＊以義大利咖啡豆及咖啡機煮咖啡，味道較濃郁且香，較適合製作冰砂；你也可以使用美式咖啡機及虹吸式咖啡壺，但煮出來的咖啡較稀；如果直接使用市售的即溶咖啡，口味會差很多。

咖啡巧酥冰砂

＊材料

義大利咖啡粉16g.、水80c.c.、
鮮奶油 30c.c.、巧克力夾心餅乾2片、
糖水45c.c.、碎冰250g.

＊做法

*1.*準備60c.c.義大利咖啡（做法見P.36）。

*2.*碎冰、咖啡及其他材料放入果汁機中，以高速先攪打10秒鐘。

*3.*以酒吧長匙略微拌一拌，再繼續攪打20秒鐘即可搭配巧克力餅乾食用。

拿鐵冰砂
炭燒冰砂

拿鐵冰砂

＊材料

義大利咖啡粉16g.、水80c.c.、
鮮奶油30c.c.、巧克力冰淇淋30g.、
糖水30c.c.、碎冰275g.

＊做法

1.準備60c.c.義大利咖啡（做法見P.36）。

2.碎冰、咖啡及其他材料放入果汁機中，以高速先攪打10秒鐘。

3.以酒吧長匙略微拌一拌，再繼續攪打20秒鐘即可。

＊商用做法請見P.106。

Charcoal Mocha Sorbet 炭燒冰砂

＊材料

炭燒咖啡粉16g.、水80c.c.、
鮮奶油30c.c.、蜂蜜15c.c.、
糖水30c.c.、碎冰275g.

＊做法

1.準備60c.c.炭燒咖啡備用（做法見P. 36）。

2.碎冰、咖啡及其他材料放入果汁機中，以高速先攪打10秒鐘。

3.以酒吧長匙略微拌一拌，再繼續攪打20秒鐘即可。

＊炭燒咖啡粉味道帶點焦味，非常香。

奶茶冰砂

檸檬紅茶冰砂

奶茶冰砂

＊材料

紅茶包4包、奶精粉45g.、糖水30c.c.、碎冰250g.、熱開水100c.c.

＊做法

1. 熱開水倒入容器中，放入紅茶包，浸泡5分鐘後取出，將整個容器放入另一個大鍋中，隔冰水冷卻後，再將紅茶倒入果汁機。
2. 加入奶精粉、糖水、碎冰，以高速先攪打10秒鐘，再以酒吧長匙略微拌一拌，繼續攪打20秒鐘即可。

檸檬紅茶冰砂

＊材料

紅茶包4包、檸檬2/3個、蜂蜜30c.c.、碎冰250g.、熱開水100c.c.

＊做法

1. 檸檬洗淨，取2/3個壓汁成約20c.c.。
2. 熱開水倒入容器中，放入紅茶包，浸泡5分鐘後取出，將整個容器放入另一個大鍋中，隔冰水冷卻後，再將紅茶倒入果汁機。
3. 加入檸檬汁、蜂蜜、碎冰，以高速先攪打10秒鐘，再以酒吧長匙略微拌一拌，繼續攪打20秒鐘即可。

＊沖泡熱紅茶的容器須具耐熱耐冰的特質，以免因熱漲冷縮而造成破裂，可選擇不鏽鋼的雪克壺或鍋子。

Coffee & Tea Sorbet

鴛鴦冰砂

＊材料

義大利咖啡粉10g.、水40c.c.、
紅茶包2包、奶精粉20g.、糖水 30c.c.、
碎冰 250g.、熱開水100c.c.

＊做法

1.準備30c.c.義大利咖啡（做法見P.36）。

2.熱開水倒入容器中，放入紅茶包，浸泡5分鐘後取出，將整個容器放入另一個大鍋中，隔冰水冷卻後，再將紅茶倒入果汁機。

3.倒入義大利咖啡、奶精粉、糖水及碎冰，以高速先攪打10秒鐘，再以酒吧長匙略微拌一拌，繼續攪打20秒鐘即可。

Vanilla Sorbet

Vanilla Sorbet

香草冰砂

＊材料

香草冰淇淋40g.、鮮奶90c.c.、
糖水30c.c.、碎冰 275g.

＊做法

1.碎冰、冰淇淋及其他材料放入果汁機中，以高速先攪打10秒鐘。

2.以酒吧長匙略微拌一拌，再繼續攪打20秒鐘即可。

＊商用做法請見P.107。

Flavored Sorbet

咖啡紅茶冰砂、調味冰砂

Chocolate Sorbet

Almond Sorbet 杏仁冰砂

＊材料

杏仁粉20g.、奶精粉10g.、熱開水90c.c.、糖水30c.c.、碎冰250g.

＊做法

*1.*杏仁粉、奶精粉、熱開水、糖水依序倒入鍋子攪拌均勻，再放入另一個大鍋中，隔冰水冷卻後，將杏仁汁倒入果汁機。

*2.*倒入碎冰，以高速先攪打10秒鐘。再以酒吧長匙略微拌一拌，繼續攪打20秒鐘即可。

巧克力冰砂

＊材料

巧克力醬60c.c.、可可粉10g.、熱開水90c.c.、糖水15c.c.、碎冰250g.

＊做法

*1.*巧克力醬、可可粉、熱開水、糖水依序倒入鍋子攪拌均勻，再放入另一個大鍋中，隔冰水冷卻後，將巧克力可可汁倒入果汁機。

*2.*倒入碎冰，以高速先攪打10秒鐘。再以酒吧長匙略微拌一拌，再繼續攪打20秒鐘即可。

＊商用做法請見P.107。

巧克力醬有膏狀與醬狀兩種，多用於西點及飲料的調味，可至超市或烘焙材料行購買，1瓶約60～70元。

可可冰砂
椰奶冰砂

椰奶冰砂

＊材料

椰漿粉20g.、奶精粉5g.、
熱開水90c.c.、
糖水30c.c.、碎冰250g.

＊做法

1.椰漿粉、奶精粉、熱開水、糖水依序倒入鍋子攪拌均勻成椰漿汁，再放入另一個大鍋中，隔冰水冷卻後倒入果汁機。

2.倒入碎冰，以高速先攪打10秒鐘，再以酒吧長匙略微拌一拌，繼續攪打20秒鐘即可飲用。

可可冰砂

＊材料

可可粉20g.、巧克力醬15c.c.、
奶精粉10c.c.、熱開水90c.c.、
糖水30c.c.、碎冰250g.

＊做法

1.可可粉、巧克力醬、奶精粉、熱開水、糖水依序倒入鍋子攪拌均勻成巧克力可可汁，再放入另一個大鍋中，隔冰水冷卻後倒入果汁機。

2.倒入碎冰，以高速先攪打10秒鐘，再以酒吧長匙略微拌一拌，繼續攪打20秒鐘即可。

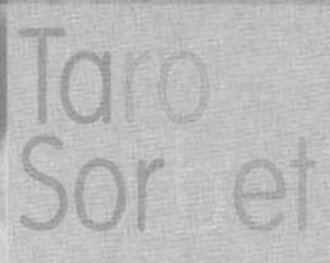
Taro

Yougurt
Sorbet

優格冰砂

＊材料

優格100g.、白汽水30c.c.、
糖水30c.c.、碎冰275g.

＊做法

1.碎冰、優格及其他材料放入果汁機中，以高速先攪打10秒鐘。

2.以酒吧長匙略微拌一拌，再繼續攪打20秒鐘即可。

芋頭冰砂

＊材料

熟芋頭90g.、鮮奶油30c.c.、
香草冰淇淋30g.、糖水30c.c.、
碎冰250g.

＊做法

1.碎冰、芋頭及其他材料放入果汁機中，以高速先攪打10秒鐘。

2.以酒吧長匙略微拌一拌，再繼續攪打20秒鐘即可。

＊商用做法請見P.107。

Flavored
咖啡紅茶冰砂、調味冰砂
Sorbet

綠豆沙冰砂
紅豆沙冰砂

Flovered Sorbet

綠豆沙冰砂

＊材料

蜜綠豆90g.、鮮奶60c.c.、
香草冰淇淋30g.、碎冰250g.

＊做法

1.碎冰、蜜綠豆及其他材料放入果汁機中，以高速先攪打10秒鐘。

2.以酒吧長匙略微拌一拌，再繼續攪打20秒鐘即可。

＊可至超市購買已煮熟的蜜綠豆，也可親自煮綠豆：取90g.綠豆泡水30分鐘，瀝乾後倒入鍋中，加入630c.c.水及30c.c.糖水煮滾即可。

＊商用做法請見P.106。

Red Bean Sorbet

紅豆沙冰砂

＊材料

蜜紅豆90g.、鮮奶60c.c.、
香草冰淇淋30g.、糖水30c.c.、
碎冰250g.

＊做法

1.碎冰、蜜紅豆及其他材料放入果汁機中，以高速先攪打10秒鐘。

2.以酒吧長匙略微拌一拌，再繼續攪打20秒鐘即可。

＊可至超市購買已煮熟的蜜紅豆，煮法與份量同綠豆。

＊商用做法請見P.106。

Lavender is a traditional cottage garden plant. Its gray-green spikes of foliage and purple flowers provide color all year. Since the Middle Ages, the dried flowers have been one of the main ingredients of potpourri. Fresh sprigs are included in herbal bunches known as tussie

水果花草茶冰砂

Fruit and Flower Tea Sorbet & Fruit Granule Sorbet

果粒冰砂

mı eds of years to
mı ess. Over the
pc medicine has
be ina,Southeast
an being used by

Rose Petal Honey Sorbet

玫瑰花蜜冰砂

＊材料

玫瑰花30g.、紅石榴汁45c.c.、鮮奶45c.c.、蜂蜜30c.c.、碎冰250g.

＊做法

1.玫瑰花洗淨。

2.碎冰、玫瑰花及其他材料放入果汁機中，以高速先攪打10秒鐘。

3.以酒吧長匙略微拌一拌，再繼續攪打20秒鐘即可。

＊玫瑰花可治內分泌失調，消除腰痠背痛及疲勞，更可以幫助傷口快速癒合。

＊乾燥植物可以先放入濾網中，再用活水沖淨，瀝乾後即可放入果汁機中，與其他食材一起攪打。

＊商用做法請見P.107。

紅石榴汁為新鮮紅石榴果實加工製成的糖漿，多半用來調配雞尾酒和冷熱飲料，可以增加飲品的口味及美感。

芒果紫羅蘭冰砂
蘋果洛神冰砂

Fruit and Flower Tea Sorbet

芒果紫羅蘭冰砂

＊材料

芒果100g.、紫羅蘭10g.、熱開水60c.c.、檸檬1/2個、糖水30c.c.、碎冰285g.

＊做法

1.芒果洗淨，剝皮去核後取100g.果肉切小塊；檸檬洗淨對切，取1/2個壓汁成約15c.c.。

2.紫羅蘭洗淨後放入容器中，加入熱開水，浸泡5分鐘後取出，將整個容器放入另一個大鍋中，隔冰水冷卻後，再將紫羅蘭汁倒入果汁機。

3.加入芒果果肉、檸檬、糖水及碎冰，以高速先攪打10秒鐘，再以酒吧長匙略微攪拌，繼續攪打20秒鐘即可。

＊紫羅蘭可預防傷風感冒，消除疲勞、口臭，幫助傷口快速癒合。

蘋果洛神冰砂

＊材料

蘋果100g.、洛神花10g.、熱開水60c.c.、蜂蜜30c.c.、碎冰285g.

＊做法

1.蘋果洗淨去皮及核籽，取100g.果肉切小塊。

2.洛神花洗淨後放入容器中，加入熱開水，浸泡5分鐘後取出，將整個容器放入另一個大鍋中，隔冰水冷卻後，將洛神花汁倒入果汁機。

3.加入蘋果果肉、蜂蜜、碎冰，以高速先攪打10秒鐘，再以酒吧長匙略微拌一拌，繼續攪打20秒鐘即可。

＊洛神花具利尿、去油膩及降血壓的功效，除了泡茶外，還可以製作果醬、果凍。

紅西瓜檸檬草冰砂
哈密瓜玫瑰冰砂

紅西瓜檸檬草冰砂

＊材料

紅西瓜100g.、檸檬草10g.、
熱開水60c.c.、糖水30c.c.、碎冰285g.

＊做法

1.紅西瓜洗淨對切去籽，以湯匙挖出100g.果肉。

2.檸檬草洗淨後放入容器中，加入熱開水，浸泡5分鐘後取出，將整個容器放入另一個大鍋中，隔冰水冷卻後，再將檸檬草汁倒入果汁機。

3.加入紅西瓜果肉、糖水、碎冰，以高速先攪打10秒鐘，再以酒吧長匙略微攪拌，繼續攪打20秒鐘即可。

＊檸檬草含豐富維生素C，可消除身體多餘脂肪，因為具檸檬香味，常是泰國菜及越南菜不可或缺的食材。

哈密瓜玫瑰冰砂

＊材料

哈密瓜100g.、玫瑰花10g.、檸檬1/2個、
熱開水60c.c.、蜂蜜30c.c.、碎冰285g.

＊做法

1.哈密瓜洗淨，對切後去籽，以湯匙挖出100g.果肉，檸檬洗淨對切，取1/2個壓汁成約15c.c.。

2.玫瑰花洗淨後放入容器中，加入熱開水，浸泡5分鐘後取出，將整個容器放入另一個大鍋中，隔冰水冷卻後，再將玫瑰花汁倒入果汁機。

3.加入哈密瓜果肉、檸檬汁、蜂蜜及碎冰，以高速先攪打10秒鐘，再以酒吧長匙略微攪拌，繼續攪打20秒鐘即可。

Fruit and Flower Tea Sorbet

水果花草茶冰砂、果粒冰砂

Kiwi & Verbena Sorbet

奇異果馬鞭草冰砂

＊材料

奇異果1 1/2個、馬鞭草10g.、熱開水60c.c.、檸檬1個、糖水30c.c.、碎冰285g.

＊做法

1.奇異果洗淨，對切後取1 1/2個，以湯匙挖出果肉，檸檬洗淨對切，壓汁成約30c.c.。

2.馬鞭草洗淨後放入容器中，加入熱開水，浸泡5分鐘後取出，將整個容器放入另一個大鍋中，隔冰水冷卻後，再將馬鞭草汁倒入果汁機。

3.加入奇異果肉、檸檬、糖水及碎冰，以高速先攪打10秒鐘，再以酒吧長匙略拌，繼續攪打20秒鐘即可。

＊馬鞭草具治偏頭痛、淨化腸胃、瘦身、解鬱悶的效能，懷孕期間不可服用。

木瓜薰衣草冰砂

＊材料

木瓜100g.、薰衣草10g.、熱開水60c.c.、檸檬1/2個、糖水30c.c.、碎冰285g.

＊做法

1.木瓜洗淨，對切後去籽，以湯匙挖出100g.果肉，檸檬洗淨對切，取1/2個壓汁成約15c.c.。

2.薰衣草洗淨後放入容器中，加入熱開水，浸泡5分鐘後取出，將整個容器放入另一個大鍋中，隔冰水冷卻後，再將薰衣草汁倒入果汁機。

3.加入木瓜果肉、檸檬、糖水及碎冰，以高速先攪打10秒鐘，再以酒吧長匙略微攪拌，繼續攪打20秒鐘即可。

＊薰衣草具有舒壓、安眠的作用，對呼吸系統與感冒也有助益，不僅可泡茶，近年來許多人將它做成睡枕及洗髮精，讓人舒緩神經。

Cumquat Sorbet

Peach & Passion Sorbet 清秀佳人

＊材料

果粒茶20g.、水蜜桃45g.、
百香果1個、蜂蜜45c.c.、熱開水60c.c.、
碎冰250g.

＊做法

1.水蜜桃洗淨剝皮，去核後取45g.果肉切小塊，百香果洗淨對切，以湯匙挖出果肉。

2.果粒茶、熱開水倒入容器中，浸泡5分鐘後取出茶渣，將整個容器放入另一個大鍋中，隔冰水冷卻後，再將果粒茶倒入果汁機。

3..放入水蜜桃、百香果、蜂蜜及碎冰以高速先攪打10秒鐘，再以酒吧長匙略微拌一拌，繼續攪打20秒鐘即可。

＊商用做法請見P.108。

巴塞隆納

＊材料

果粒茶20g.、草莓1粒、金桔15粒、
熱開水60c.c.、蜂蜜45c.c.、碎冰250g.

＊做法

1.草莓洗淨去蒂後切小塊，金桔洗淨對切，壓汁約60c.c.。

2.果粒茶、熱開水倒入容器中，浸泡5分鐘後取出茶渣，將整個容器放入另一個大鍋中，隔冰水冷卻後，再將果粒茶倒入果汁機。

3.放入草莓、金桔汁、蜂蜜及碎冰以高速先攪打10秒鐘，再以酒吧長匙略微拌一拌，繼續攪打20秒鐘即可。

＊商用做法請見P.108。

果粒茶由各種乾燥水果果實、植物製成，富含豐富維他命C，具養顏美容的功效，可依個人喜好選擇口味，花茶店及大型超市均有賣。

羅馬之戀
放肆情人

Fruit Granule Sorbet

水果花草茶冰砂、果粒冰砂

羅馬之戀

＊材料

果粒茶20g.、蘋果45g.、熱開水60c.c.、蜂蜜45c.c.、碎冰250g.

＊做法

*1.*蘋果洗淨去皮去核籽，取45g.果肉切小塊。

*2.*果粒茶、熱開水倒入容器中，浸泡5分鐘後取出茶渣，將整個容器放入另一個大鍋中，隔冰水冷卻後，再將果粒茶倒入果汁機。

*3.*放入蘋果、蜂蜜及碎冰以高速先攪打10秒鐘，再以酒吧長匙略微拌一拌，繼續攪打20秒鐘即可。

＊商用做法請見P.108。

放肆情人

＊材料

果粒茶20g.、蘋果45g.、檸檬皮少許、熱開水60c.c.、蜂蜜45c.c.、碎冰250g.

＊做法

*1.*蘋果洗淨去皮去核籽，取45g.果肉切小塊，檸檬洗淨，取少許皮切細絲。

*2.*果粒茶、熱開水倒入容器中，浸泡5分鐘後取出茶渣，將整個容器放入另一個大鍋中，隔冰水冷卻後，再將果粒茶倒入果汁機。

*3.*放入蘋果、檸檬皮、蜂蜜及碎冰以高速先攪打10秒鐘，再以酒吧長匙略微拌一拌，繼續攪打20秒鐘即可。

＊商用做法請見P.108。

出水芙蓉
黑森林

出水芙蓉

*材料

果粒茶20g.、金桔15粒、熱開水60c.c.、蜂蜜45c.c.、碎冰250g.

*做法

*1.*金桔洗淨對切，壓汁約60c.c.。

*2.*果粒茶、熱開水倒入容器中，浸泡5分鐘後取出茶渣，將整個容器放入另一個大鍋中，隔冰水冷卻後，再將果粒茶倒入果汁機。

*3.*放入金桔汁、蜂蜜及碎冰以高速先攪打10秒鐘，再以酒吧長匙略微拌一拌，繼續攪打20秒鐘即可。

*商用做法請見P.109。

黑森林

*材料

果粒茶20g.、鳳梨15g.、百香果15g.、蘋果15g.、柳橙15g.、蜂蜜45c.c.、熱開水60c.c.、碎冰250g.

*做法

*1.*鳳梨果肉切小塊，百香果洗淨對切，以湯匙挖出15g.果肉，蘋果洗淨去皮去核籽，取15g.果肉切小塊，柳橙洗淨剝皮，取15g.果肉切小塊。

*2.*果粒茶、熱開水倒入容器中，浸泡5分鐘後取出茶渣，將整個容器放入另一個大鍋中，隔冰水冷卻後，再將果粒茶倒入果汁機。

*3.*放入所有水果、蜂蜜及碎冰以高速先攪打10秒鐘，再以酒吧長匙略微拌一拌，繼續攪打20秒鐘即可。

*商用做法請見P.109。

歐陸風情
迷宮情迷

歐陸風情

＊材料

果粒茶20g.、草莓1粒、
柳橙1/3個、蜂蜜45c.c.、
熱開水60c.c.、碎冰250g.

＊做法

1.草莓洗淨，去蒂後切小塊，柳橙洗淨，剝皮取1/3個果肉切小塊。

2.果粒茶、熱開水倒入容器中，浸泡5分鐘後取出茶渣，將整個容器放入另一個大鍋中，隔冰水冷卻後，再將果粒茶倒入果汁機。

3.放入草莓、柳橙、蜂蜜及碎冰以高速先攪打10秒鐘，再以酒吧長匙略微拌一拌，繼續攪打20秒鐘即可。

＊商用做法請見P.109。

Fruit Granule
Sorbet

迷宮情迷

＊材料

果粒茶20g.、鳳梨45g.、蜂蜜45c.c.、
熱開水60c.c.、碎冰250g.

＊做法

1.鳳梨果肉切小塊。

2.果粒茶、熱開水倒入容器中，浸泡5分鐘後取出茶渣，將整個容器放入另一個大鍋中，隔冰水冷卻後，再將果粒茶倒入果汁機。

3.放入鳳梨、蜂蜜、碎冰以高速先攪打10秒鐘，再以酒吧長匙略微拌一拌，繼續攪打20秒鐘即可。

＊商用做法請見P.109。

Yet these are only the decorations for this thoroughly-researched and comprehensive history of a serious subject: probably the oldest science known to man, with an incalculable influence on his history. Derek and Julia Parker are the perfect combination as authors of this

Part4

花式冰砂

Cocktail Sorbet & Constellation Sorbet

星座冰砂

book. ctising astrologer, past
Presid y of Astrological Studies.
Derek e says that most of the
practic ery to him. But he believes
there is eel that it would be foolish

藍色之戀
翡冷翠

Cocktail
Sorbet

翡冷翠

＊材料

薄荷酒30c.c.、薄荷蜜30c.c.、
萊姆汁15c.c.、糖水30c.c.、
白汽水60c.c.、碎冰250g.

＊做法

1. 碎冰、薄荷酒及其他材料放入果汁機中，以高速先攪打10秒鐘。
2. 以酒吧長匙略微拌一拌，再繼續攪打20秒鐘即可。

藍色之戀

＊材料

藍柑酒30c.c.、藍柑汁30c.c.、
萊姆汁15c.c.、糖水30c.c.、
白汽水60c.c.、碎冰250g.

＊做法

1. 碎冰、藍柑酒及其他材料放入果汁機中，以高速先攪打10秒鐘。
2. 以酒吧長匙略微拌一拌，再繼續攪打20秒鐘即可。

Cocktail
Sorbet

藍柑汁為新鮮柑橘果實加工製成的糖漿，多半用來調配雞尾酒、冷熱飲料，可以增添食物美味。

戀戀情深
南洋風情

White Orange & Rum Sorbet

戀戀情深

＊材料

蘭姆酒30c.c.、白橙酒30c.c.、萊姆汁15c.c.、紅石榴汁15c.c.、檸檬1個、糖水30c.c.、碎冰250g.

＊做法

*1.*檸檬洗淨對切，壓汁成約30c.c.。

*2.*碎冰、蘭姆酒及其他材料放入果汁機中，以高速先攪打10秒鐘。

*3.*以酒吧長匙略微拌一拌，再繼續攪打20秒鐘即可。

Coconut & Pineapple Sorbet

南洋風情

＊材料

椰香酒30c.c.、鳳梨汁90c.c.、椰奶30c.c.、糖水30c.c.、碎冰250g.

＊做法

*1.*碎冰、椰香酒及其他材料放入果汁機中，以高速先攪打10秒鐘。

*2.*碎冰及其他材料放入果汁機中，以高速先攪打10秒鐘。

紫色多娜
法國香檳

法國香檳

＊材料

白蘭地酒15c.c.、葡萄6粒、葡萄乾10粒、葡萄糖漿30c.c. 白汽水60c.c.、碎冰250g.

＊做法

1.葡萄洗淨後剝皮去籽。

2.碎冰、白蘭地酒及其他材料放入果汁機中，以高速先攪打10秒鐘。

3.以酒吧長匙略微拌一拌，再繼續攪打20秒鐘即可。

紫色多娜

＊材料

紫羅蘭酒15c.c.、草莓糖漿30c.c.、鳳梨30g.、椰奶15c.c.、糖水15c.c.、碎冰250g.

＊做法

1.葡萄洗淨後剝皮去籽，鳳梨果肉切小塊備用。

2.碎冰、紫羅蘭酒及其他材料放入果汁機中，以高速先攪打10秒鐘。

3.以酒吧長匙略微拌一拌，再繼續攪打20秒鐘即可。

草莓糖漿為濃縮草莓原汁和香料加工製成的糖漿，多半做為調酒及冷熱飲料的必備品，一般大型超市較難買到，可至材料行選購(地址見P.113)。

羅馬假期
巴黎天使

羅馬假期

＊材料

藍柑酒30c.c.、藍柑汁15c.c.、
香草糖漿30c.c.、白汽水60c.c.、
碎冰250g.

＊做法

1.碎冰、藍柑酒及其他材料放入果汁機中，以高速先攪打10秒鐘。

2.以酒吧長匙略微拌一拌，再繼續攪打20秒鐘即可。

巴黎天使

＊材料

白蘭地酒8c.c.、萊姆汁15c.c.、
草莓糖漿30c.c.、煉乳15c.c.、
蜂蜜30c.c.、白汽水60c.c.、碎冰 250g.

＊做法

1.碎冰、白蘭地酒及其他材料放入果汁機中，以高速先攪打10秒鐘。

2.以酒吧長匙略微拌一拌，再繼續攪打20秒鐘即可。

萊姆汁為萊姆酒加工製成的調味汁，多半用來調和雞尾酒、冷熱飲料及燒烤海鮮的醬汁，可以增添食物美味。

Aries Sorbet

翡翠之吻 牡羊座3/21-4/20

＊材料

柳橙2/3個、薄荷蜜45c.c.、鮮奶15c.c.、蜂蜜30c.c.、碎冰250g.

＊做法

1. 柳橙洗淨，取2/3個壓汁成約30c.c.。

2. 碎冰、柳橙汁及其他材料放入果汁機中，以高速先攪打10秒鐘。

3. 以酒吧長匙略微拌一拌，再繼續攪打20秒鐘即可。

＊商用做法請見P.110。

薄荷蜜為利用薄荷葉加工製成的糖漿，多半做為調配雞尾酒及紅茶的必備品，味道清涼爽口，具解渴、提神的功效。

深情款款 金牛座4/21-5/21

＊材料

百香果2個、鳳梨45g.、柳橙1個、紅石榴汁15c.c.、碎冰 250g.

＊做法

1. 百香果洗淨後對切，以湯匙挖出果肉，鳳梨果肉切小塊，柳橙洗淨對切，壓汁成約45c.c.。

2. 碎冰、百香果及其他材料放入果汁機中，以高速先攪打10秒鐘。

3. 以酒吧長匙略微拌一拌，再繼續攪打20秒鐘即可。

＊商用做法請見P.110。

Cancer Sorbet

Constellation
Sorbet

你儂我儂 雙子座5/22-6/21

＊材料

水蜜桃60g.、檸檬1/2個、
紅石榴汁15c.c.、蜂蜜30c.c.、
碎冰250g.

＊做法

1.水蜜桃洗淨，剝皮去核後取60g.果肉切小塊，檸檬洗淨對切，取1/2個壓汁成約15c.c.。

2.碎冰、水果及其他材料放入果汁機中，以高速先攪打10秒鐘。

3.以酒吧長匙略微拌一拌，再繼續攪打20秒鐘即可。

＊商用做法請見P.110。

夢幻之戀 巨蟹座6/22-7/22

＊材料

水蜜桃15g.、蘋果30g.、
檸檬1/2個、糖水 30c.c.、
冰水60c.c.、碎冰250g.

＊做法

1.水蜜桃洗淨，剝皮去核後取15g.果肉切小塊，蘋果洗淨去皮及核籽，取30g.果肉切小塊，檸檬洗淨對切，取1/2個壓汁成約15c.c.。

2.碎冰、水果及其他材料放入果汁機中，以高速先攪打10秒鐘。

3.以酒吧長匙略微拌一拌，再繼續攪打20秒鐘即可。

＊商用做法請見P.110。

仲夏激情 獅子座7/23-8/22

＊材料

水蜜桃1/2個、荔枝5粒、鳳梨30g.、萊姆汁 45c.c.、糖水 30c.c.、碎冰 250g.

＊做法

*1.*水蜜桃洗淨，剝皮去核後，取1/2個果肉切小塊，荔枝去皮去籽後切小塊，鳳梨果肉切小塊備用。

*2.*碎冰、所有水果及其他材料放入果汁機中，以高速先攪打10秒鐘。

*3.*以酒吧長匙略微拌一拌，再繼續攪打20秒鐘即可。

＊商用做法請見P.111。

真情難收 處女座8/23-9/23

＊材料

柳橙2/3個、檸檬1/2個、鳳梨30g.、橘子皮少許、紅石榴汁15c.c.、糖水30c.c.、蜂蜜15c.c.、碎冰250g.

＊做法

*1.*柳橙洗淨，取2/3個壓汁成約30c.c.，檸檬洗淨對切，壓汁成約15c.c.，鳳梨果肉切小塊，橘子洗淨，取少許皮切細絲備用。

*2.*碎冰、水果及其他材料放入果汁機中，以高速先攪打10秒鐘。

*3.*以酒吧長匙略微拌一拌，再繼續攪打20秒鐘即可。

＊商用做法請見P.111。

神魂顛倒　天秤座9/24-10/23

*材料

柳橙1個、鳳梨30g.、萊姆汁15c.c.、琴酒15c.c.、椰奶15c.c.、糖水15c.c.、碎冰250g.

*做法

1.柳橙洗淨對切，壓汁成約45c.c.，鳳梨果肉切小塊。

2.碎冰、水果及其他材料放入果汁機中，以高速先攪打10秒鐘。

3.以酒吧長匙略微拌一拌，再繼續攪打20秒鐘即可。

*商用做法請見P.111。

永恒之吻　天蠍座10/24-11/22

*材料

草莓3粒、柳橙1個、鮮奶30c.c.、蜂蜜15c.c.、碎冰250g.

*做法

1.草莓洗淨去蒂切小塊，柳橙洗淨對切，壓汁成約45c.c.。

2.碎冰、水果及其他材料放入果汁機中，以高速先攪打10秒鐘。

3.以酒吧長匙略微拌一拌，再繼續攪打20秒鐘即可。

*商用做法請見P.111。

Sagittarius Sorbet

忘情水 射手座11/23-12/21

* 材料

檸檬1個、鳳梨45g、
可爾必思45c.c.、蜂蜜15c.c.、
糖水30c.c.、碎冰250g.

* 做法

1.檸檬洗淨對切，壓汁成約30c.c.，鳳梨果肉切小塊。

2.碎冰、水果及其他材料放入果汁機中，以高速先攪打10秒鐘。

3.以酒吧長匙略微拌一拌，再繼續攪打20秒鐘即可。

* 商用做法請見P.112。

紫色夢幻 摩羯座12/22-1/20

Constellation Sorbet

* 材料

葡萄10粒、柳橙2/3個、
鳳梨30g.、鮮奶油30c.c.、
蜂蜜15c.c.、碎冰250g.

* 做法

1.葡萄洗淨後剝皮去籽，柳橙洗淨，取2/3個壓汁成約 30c.c.，鳳梨果肉切小塊備用。

2.碎冰、水果及其他材料放入果汁機中，以高速先攪打10秒鐘。

3.以酒吧長匙略微拌一拌，再繼續攪打20秒鐘即可。

* 商用做法請見P.112。

Constellation Sorbet
花式冰砂、星座冰砂

X情人　水瓶座1/21-2/18

＊材料

柳橙1/3個、水蜜桃1個、
鳳梨30g.、蛋黃1個、
蜂蜜30c.c.、碎冰250g.

＊做法

1.柳橙洗淨，取1/3個壓汁成約15c.c.，水蜜桃洗淨剝皮，去核後切小塊，鳳梨果肉切小塊。

2.碎冰、水果及其他材料放入果汁機中，以高速先攪打10秒鐘。

3.以酒吧長匙略微拌一拌，再繼續攪打20秒鐘即可。

＊商用做法請見P.112。

纏綿　雙魚座2/19-3/20

＊材料

草莓2粒、蘋果60g.、
檸檬1/2個、紅石榴汁15c.c.、
糖水30c.c.、碎冰250g.

＊做法

1.草莓洗淨去蒂切小塊，蘋果洗淨去皮及核籽後，取60g.果肉切小塊，檸檬洗淨對切，取1/2個壓汁成約15c.c.。

2.碎冰、水果及其他材料放入果汁機中，以高速先攪打10秒鐘。

3.以酒吧長匙略微拌一拌，再繼續攪打20秒鐘即可。

＊商用做法請見P.112。

每一個人都有開店的夢想，透過本書幫你圓夢，
這些美麗、口味多元的飲料製作起來並不難，
主要是開店前的籌畫準備工作須確實，開店的旅程才會更順利、更卓越。
本單元收集了時下最流行、口味最大衆化的商用冰砂配方，
建議你練習多次、熟悉配方後，不妨再創造屬於自己的獨特口味冰砂，
相信它是你開店致勝的利器。

Part5

關於開店，你可以知道更多

Open Your Own Shop

開店須知
getting started

開店，是許多人的夢想。完成夢想前，應該從各方面審慎評估，如開什麼店、資金多少、專業技能、店舖位置、經營方針、人力資源等；最好先學習技能，或參加相關創業補習班，將會幫助你早點達成夢想喔！

開什麼店

有足夠的資金，想創造獨一無二的店舖，可選擇個性店；若資本有限、尚需要專業技能的支援，則可以選擇連鎖加盟店。

個性店

希望所經營的店有特殊的風格，不想一成不變，像機器人般行事，個性店將是你最佳的選擇。店舖要引人注目，除了有特色的商品、店內裝潢及氣氛外，宣傳、服務品質更是吸引氣味相投的消費者再度光臨的因素。

有些個性店經營者，會覺得連鎖加盟店知名度高，自然可以吸引消費者，然而連鎖店加盟金高，所販售的商品雷同且一成不變，反而沒有創意。

連鎖加盟店

對於餐飲業不是很了解，但又很想當老闆的人來說，可以考慮選擇加盟店，但是坊間的加盟店，商品、裝潢都一致，毫無特殊創意；且所有的原料、機器皆須向總公司訂貨，店家毫無自主權。進貨時往往又讓總公司先賺一筆，如此一來會提高成本，生意好時倒無所謂，若生意差時，賺錢的恐怕只有加盟總公司。

雖然時下開店大部分講求品牌，但畢竟有品牌而無特色總是不夠實際，以商場來說，現代人講求品味，且總公司往往不能幫業者做有效的市場同業規畫，往往是一家開了又一家，無法有效隔開同業競爭，所以未來連鎖店的市場還是有限。在加入之前，須審慎評估其形象、知名度、信用、資金、專業訓練、獲利情況、成功率等再簽約。

專業技能

沖泡一杯好喝的飲料，是一門大學問，不是隨便加些水、蔬果攪打就可以了，精準的材料搭配和份量控制缺一不可，所以學習專業技能更重要。全省有許多相關的補習班可供選擇。有人選擇直接到相關行業工作，但常因工作忙碌，導致無法獲知正確的觀念與技術，這是相當可惜的，所以還是先到專門的機構學好技能再創業吧！切勿匆匆開店，天底下沒有白吃的午餐，要記得一步一腳印才是致勝祕訣。

3 資金

開店究竟需要準備多少資金？如果是加盟店，至少得準備250萬元以上；個性店至少60萬元，但如果裝潢過多，上千萬是不可少的。開店前最好籌措好資金，盡量以不借太多錢為原則，以免被利息壓得喘不過氣，如果須借錢，向銀行貸款或申請青輔會的「青年創業貸款」為優先考量，千萬別選擇地下錢莊，利息計算花樣百出，讓你永遠有還不完的債。

如果找合夥人投資，應注意資金的分配比例，一切先說清楚再訂立契約，且開業前先將資金籌措好，可避免將來的糾紛。除了開店

的資金外，尚須準備一筆周轉金，根據統計：倒閉的店家中有50％結束於資金周轉不靈，所以為了營運順利，應保留適量的周轉金於身邊，每天的現金支出、任何花費都應確實記帳，以掌握開銷。

＊青輔會的「青年創業貸款」，所輔導的行業不包括連鎖、加盟及關係企業，但仍然可以向銀行貸款，貸款的比例以三分之一為限，以免負擔的利息過重。

＊「青年創業貸款」申請辦法請向行政院青輔會查詢，電話/(02)2356-6232，地址/台北市徐州路5號，網址/http：//www.nyc.gov.tw。

4 店舖選擇

店舖位置是影響經營成敗的關鍵之一，找到適合的店面就成功了一半，也更能增加你對事業的企圖心。但不見得每種行業都須在熱鬧商圈，有時可選擇巷弄店面；決定店舖地點前，應先針對附近1,000公尺以內的店做市場調查，調查同業的競爭力、消費者的品味及消費型態（受歡迎的店家），將自己當作消費者，在一天中不同時段予以觀

察、品嘗，並注意同業間產品的項目及價目表，做為日後的參考，多花點心思，就可決定是否值得投資。

當然交通便利性、店面大小也是考慮的重點，如果交通不便利、店面過小或在不起眼的角落，自然無法吸引消費者前往。有些經營者會避免與同業並立於一條街，深怕影響業績；可是換個角度想，同業競爭反而可以促進研發的動力。

5 租金、裝潢與配置

如果有足夠的資金可買下店面，當然是最好不過了，但往往很多創業者將大半資金投於店面租金上，反而導致日後周轉的金額減少。如果控制在營業收入的15％內是合理範圍，超過20％就相當吃不消了。在簽租約前，須與房東說明，不可無故漲價、裝潢及格局可否整修等問題，詳細寫於租約上，免得日後產生糾紛。

店面一租下來，即開始尋找有經驗且商譽良好的裝潢公司來施工，與設計師共同討論店面的風格與空間的配置，必要時，可以留下來監工。特別注意廚房、廁所、吧檯、流理檯、桌椅及公共消防設施的動線配置，如果配置不當，不但影響員工工作情緒，更會影響消費者再度光臨的意願。首次裝潢時，不需要砸下太多金錢，因為裝潢或選材不當，很容易折舊、老化，短時間就得再整修，如此不但會影響業績且耗成本；所以裝潢最好維持中等即可，待累積一定的資金後，再逐步整修。

6 供貨廠商

品質好的食材和功能齊全的機器才能做出優良的商品，這時供貨來源就很重要了，供貨商的進貨方式、付款條件、信譽皆是考量範圍，與供貨商維持良好的關係，有助於提供店家經營之道及市場上第一手資料。

初次訂貨，最好透過親友介紹，或以之前工作的人脈去尋找貨源較安全，成本考量記得「貨比三家不吃虧」。採購若由廚師負責，經營者應仔細核對帳目及食材種類，避免帳目不清及影響商品品質。

人力資源

有些老闆為了省成本，寧可辛苦點而不願意多請員工，裡外皆要打理，常把自己搞得身心俱疲，短時間或許撐得住，但長期下來，不但會影響個人身心健康，連帶也可能會面臨倒閉的麻煩，值得嗎？何不把員工當作公司的資產，甄選與店主氣味相投的工作夥伴。如果經營者對員工善盡管理之責，則員工也會對消費者做出貼心的回應，大家彼此尊重，同為喜歡的事業打拼，員工的流動率自然會降低。

大多數人開店喜歡找人合夥，依我個人的經驗：有能力最好獨資，如果需要合夥人，則務必找志同道合的人。常見一些倒閉或經營不善的業者，都有共同的毛病，如合夥人理念不合，只想獲利，不在店裡幫忙，最後總有人臨時退股，造成資金的短缺，繼續經營之路將更難走下去，所以合夥對象要審慎選擇。

宣傳

開幕當天的人氣指數，將影響你未來的經營，在開幕前的一、兩個禮拜即開始展開宣傳活動，以發DM、面紙及折價券方式宣傳，當天邀請親朋好友、社區中有力人士共襄盛舉，最好在正式營業前進行試賣優惠活動及加入會員方案，帶動消費者的買氣，更能留住老顧客。面對眾多同行，競爭壓力固然大，但也千萬別吝嗇做小小的犧牲。

隨著週休二日的實施，休閒活動及飲食都是人們旅程規畫重點，善用網路、電視、報紙及雜誌等媒體做宣傳，積極自我推銷，可帶來意想不到的效果。另外，往後的經營可多設計一些應景商品吸引顧客購買。

營業登記

為自己的店舖申請營業登記證，就像個人身分證一樣重要。個人經營的小型企業或商店也可以設立「有限公司」，最低資本額只須50萬元，股東人數5~21人（可以請親朋好友充當投資人），真正經營者仍然是你，備齊相關文件到縣市政府建設局申請公司登記，再至稅捐稽徵處申請營利事業登記證（須在公司開始營業後15天內辦理登記完成)。由於登記過程繁瑣,建議委託會計師代勞,費用5,000～20,000元之間,約1個月即可申請下來,須備妥身分證影本、3～5個中文店名(多準備幾個,避免有人捷足先登),市政府會按照你填寫的順序登記。

10 顧客至上

開店固然容易,但經營更重要,餐飲業是一種服務業,須用「心」經營,將消費者當成朋友來接待,熟記對方的姓名、容貌及常點的商品;讓消費者覺得來此很輕鬆、愉快,有賓至如歸的感覺。除此之外,應隨時保持學習的心態,多看、多吸收國內外的新資訊,才會更進步,有更新的創意。

參考資料:
朱雀文化出版《築一個咖啡館的夢》、《開一家自己的個性店》

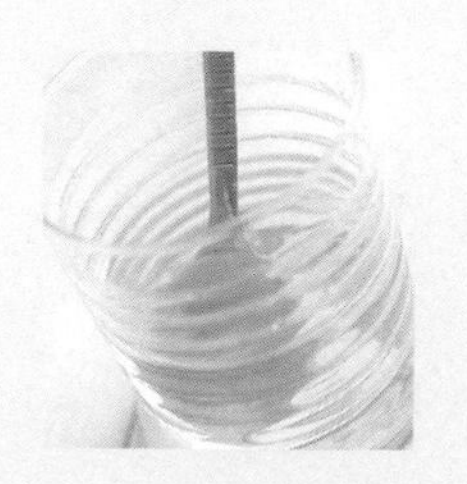

商用冰砂
Commercial Sorbet

水果冰砂 Fresh Fruit Sorbet

草莓冰砂

材料

草莓6粒、草莓糖漿1/2oz.、蘇打汽水2oz.、煉乳1oz.、冰塊250g.

做法

*1.*草莓洗淨去蒂，切小塊。

*2.*所有材料依序放入冰砂機中，以高速攪打20秒鐘，倒入杯中即可飲用。

哈密瓜冰砂

材料

哈密瓜100g.、哈密瓜濃縮汁1/2oz.、哈密瓜糖漿1oz.、糖水1oz.、蘇打汽水1 1/2oz.、冰塊250g.

做法

*1.*哈密瓜洗淨，對切後去籽，以湯匙挖出100g.果肉。

*2.*所有材料依序放入冰砂機中，以高速攪打20秒鐘，倒入杯中即可飲用。

柳橙冰砂

材料

柳橙1 1/3個、糖水1/2oz.、橘皮糖漿1oz.、柳橙濃縮汁1/2oz.、冰塊250g.

做法

*1.*柳橙洗淨，取1 1/3個壓成約2oz.果汁。

*2.*所有材料依序放入冰砂機中，以高速攪打20秒鐘，倒入杯中即可飲用。

桑葚冰砂

材料

桑葚濃縮汁2oz.、鮮奶2oz.、煉乳1oz.、冰塊250g.

做法

*1.*所有材料放入冰砂機中，以高速攪打20秒鐘。

*2.*倒入杯中即可飲用。

＊每道冰砂爲1人份，約350c.c.。
＊蘇打汽水可以市售的雪碧、黑松或七喜汽水代替。
＊通常熱茶或熱咖啡，須經隔冰水冷卻後（外縮法），再與其他材料攪打；或倒入雪克壺中，加入冰塊，上下搖動15下急速冷卻（內縮法）。
＊果粒茶由各種乾燥水果果實、植物製成，富含豐富維他命C，具養顏美容的功效，可依個人喜好選擇口味。

鳳梨冰砂

材料

鳳梨100g.、鳳梨汁2oz.、鳳梨糖漿1/2oz.、蘇打汽水1oz.、冰塊250g.

做法

1. 鳳梨果肉切小塊。
2. 所有材料依序放入冰砂機中，以高速攪打20秒鐘，倒入冰砂杯中即可飲用。

檸檬冰砂

材料

檸檬1 1/2個、檸檬汁1 1/2oz.、果糖1oz.、冰塊 250g.

做法

1. 檸檬洗淨，去皮（取少許切碎備用），果肉再壓汁約45c.c.。
2. 所有材料依序放入冰砂機中，以高速攪打20秒鐘，再倒入杯中即可飲用。

奇異果冰砂

材料

奇異果2個、奇異果糖漿1oz.、蘇打汽水1 1/2oz.、糖水1oz.、冰塊250g.

做法

1. 奇異果洗淨，對切後以湯匙挖出果肉。
2. 所有材料依序放入冰砂機中，以高速攪打20秒鐘，倒入杯中即可飲用。

烏梅冰砂

材料

烏梅濃縮汁1oz.、烏梅汁1/2oz.、糖水1oz.、蘇打汽水2oz.、冰塊250g.

做法

1. 所有材料依序放入冰砂機中，以高速攪打20秒鐘。
2. 倒入杯中即可飲用。

水蜜桃冰砂

材料

水蜜桃100g.、水蜜桃糖漿1/2oz.、蘇打汽水2oz.、煉乳1oz.、冰塊250g.

做法

1.水蜜桃洗淨剝皮，去核後取100g.果肉切成小塊。

2.所有材料依序放入冰砂機中，以高速攪打20秒鐘，倒入杯中即可飲用。

荔枝冰砂

材料

荔枝濃縮汁2oz.、糖水1 1/2oz.、蘇打汽水2oz.、冰塊250g.

做法

1.所有材料依序放入冰砂機中，以高速攪打20秒鐘。

2.倒入杯中即可飲用。

橘子冰砂

材料

橘子1個、柳橙汁1oz.、橘皮糖漿1oz.、糖水1/2oz.、冰塊250g.

做法

1.橘子洗淨剝皮切小塊。

2.所有材料依序放入冰砂機中，以高速攪打20秒鐘，倒入杯中即可飲用。

葡萄冰砂

材料

葡萄10粒、葡萄糖漿1/2oz.、糖水1oz.、蘇打汽水1oz.、冰塊250g.

做法

1.葡萄洗淨，剝皮去籽。

2.所有材料依序放入冰砂機中，以高速攪打20秒鐘，倒入杯中即可飲用。

藍莓冰砂

材料

藍莓濃縮汁1oz.、藍莓糖漿1oz.、鮮奶1oz.、煉乳1oz.、冰塊250g.

做法

1.所有材料依序放入冰砂機中，以高速攪打20秒鐘。
2.倒入杯中即可飲用。

什錦水果冰砂

材料

什錦水果罐頭1大匙、什錦水果汁1oz.、柳橙濃縮汁1oz.、百香果濃縮汁1/2oz.、檸檬汁1/2oz.、糖水1/2oz.、冰塊250g.

做法

1.所有材料依序放入冰砂機中，以高速攪打20秒鐘。
2.倒入杯中即可飲用。

百香果冰砂

材料

百香果2個、百香果糖1/2oz.、鮮奶2oz.、煉乳1oz.、冰塊250g.

做法

1.百香果洗淨對切，以湯匙挖出果肉。
2.所有材料依序放入冰砂機中，以高速攪打20秒鐘，倒入杯中即可飲用。

蔬果冰砂

材料

哈密瓜60g.、西洋芹60g.、哈蜜瓜濃縮汁1oz.、檸檬汁1/2oz.、蜂蜜1oz.、冰塊250g.

做法

1.哈密瓜洗淨對切後去籽，以湯匙挖出60g.果肉，西洋芹洗淨切段，榨汁成約30c.c.。
2.所有材料依序放入冰砂機中，以高速攪打20秒鐘，倒入杯中即可飲用。

咖啡冰砂 Coffee Sorbet

拿鐵冰砂

材料

拿鐵奶精粉30g.、焦糖煉乳1oz.、鮮奶3oz.、糖水1oz.、冰塊275g.

做法

1.所有材料依序放入冰砂機中，以高速攪打20秒鐘。
2.倒入杯中即可飲用。

摩卡冰砂

材料

摩卡奶精粉30g.、焦糖煉乳1oz.、鮮奶3oz.、糖水1oz.、冰塊275g.

做法

1.所有材料依序放入冰砂機中，以高速攪打20秒鐘。
2.倒入杯中即可飲用。

調味冰砂 Flavored Sorbet

紅豆沙冰砂

材料

紅豆沙粉20g.、奶精粉5g.、熱開水3oz.、糖水1oz.、冰塊250g.

做法

1.紅豆沙粉、奶精粉、熱開水、糖水依序倒入鍋子攪拌均勻，再放入另一個大鍋中，隔冰水冷卻後，將紅豆沙倒入冰砂機。
2.倒入冰塊，以高速攪打20秒鐘，倒入杯中即可飲用。

綠豆沙冰砂

材料

綠豆沙粉20g.、奶精粉5g.、熱開水3oz.、糖水1oz.、冰塊250g.

做法

1.綠豆沙粉、奶精粉、熱開水、糖水依序倒入鍋子攪拌均勻，再放入另一個大鍋中，隔冰水冷卻後，將綠豆沙倒入冰砂機。
2.倒入冰塊，以高速攪打20秒鐘，倒入杯中即可飲用。

芋頭冰砂

材料

芋頭沙粉20g.、奶精粉5g.、熱開水3oz.、糖水1oz.、冰塊250g.

做法

1.芋頭沙粉、奶精粉、熱開水、糖水依序倒入鍋子攪拌均勻，再放入另一個大鍋中隔冰水冷卻後，將芋頭沙倒入冰砂機。

2.倒入冰塊，以高速攪打20秒鐘，倒入杯中即可飲用。

香草冰砂

材料

香草奶精粉30g.、香草糖漿1/2oz.、鮮奶3oz.、糖水1oz.、冰塊275g.

做法

1.香草奶精粉、香草糖漿、鮮奶、糖水依序倒入鍋子攪拌均勻，再放入另一個大鍋中，隔冰水冷卻後，將香草液倒入冰砂機。

2.倒入冰塊，以高速攪打20秒鐘，倒入冰砂杯中即可飲用。

巧克力冰砂

材料

巧克力醬2oz.、可可粉10g.、熱開水3oz.、糖水1/2oz.、冰塊250g.

做法

1.巧克力醬、可可粉、熱開水、糖水依序倒入鍋子攪拌均勻，再放入另一個大鍋中，隔冰水冷卻後，將巧克力可可汁倒入冰砂機。

2.倒入冰塊，以高速攪打20秒鐘，倒入冰砂杯中即可飲用。

水果花草茶冰砂 Fruit and Flower Tea Sorbet

玫瑰花蜜冰砂

材料

玫瑰花蜜2oz.、紅石榴汁1/2oz.、鮮奶1 1/2oz.、糖水1/2oz.、冰塊250g.

做法

1.玫瑰花蜜、紅石榴汁、鮮奶、糖水依序倒入鍋子攪拌均勻，再放入另一個大鍋中，隔冰水冷卻後，將玫瑰紅石榴汁倒入冰砂機。

2.倒入冰塊，以高速攪打20秒鐘，倒入冰砂杯中即可飲用。

果粒冰砂 Fruit Granule Sorbet

清秀佳人

材料

果粒茶20g.、水蜜桃濃縮汁11/2oz.、百香果濃縮汁1/2oz.、蜂蜜11/2oz.、熱開水2oz.、冰塊250g.

做法

1. 果粒茶、熱開水倒入容器中，浸泡5分鐘後取出茶渣，將整個容器放入另一個大鍋中，隔冰水冷卻後，再將果粒茶倒入冰砂機。
2. 放入水蜜桃濃縮汁、百香果濃縮汁、蜂蜜及冰塊，以高速攪打20秒鐘，倒入杯中即可。

羅馬之戀

材料

果粒茶20g.、蘋果濃縮汁2oz.、蜂蜜1oz.、熱開水2oz.、冰塊250g.

做法

1. 果粒茶、熱開水倒入容器中，浸泡5分鐘後取出茶渣，將整個容器放入另一個大鍋中，隔冰水冷卻後，再將果粒茶倒入冰砂機。
2. 放入蘋果濃縮汁、蜂蜜及冰塊，以高速攪打20秒鐘，倒入杯中即可飲用。

放肆情人

材料

果粒茶20g.、蘋果濃縮汁2oz.、檸檬1個、蜂蜜1/2oz.、熱開水2oz.、冰塊250g.

做法

1. 檸檬洗淨，取少許皮切細絲。
2. 果粒茶、熱開水倒入容器中，浸泡5分鐘後取出茶渣，將整個容器放入另一個大鍋中，隔冰水冷卻後，再將果粒茶倒入冰砂機。
3. 放入蘋果濃縮汁、檸檬皮、蜂蜜及冰塊，以高速攪打20秒鐘，倒入杯中即可飲用。

巴塞隆納

材料

果粒茶20g.、草莓濃縮汁1/2oz.、金桔濃縮汁11/2oz.、蜂蜜11/2oz.、熱開水2oz.、冰塊250g.

做法

1. 果粒茶、熱開水倒入容器中，浸泡5分鐘後取出茶渣，將整個容器放入另一個大鍋中，隔冰水冷卻後，再將果粒茶倒入冰砂機。
2. 放入草莓濃縮汁、金桔濃縮汁、蜂蜜及冰塊，以高速攪打20秒鐘，倒入杯中即可飲用。

黑森林

材料

果粒茶20g.、鳳梨濃縮汁1/2oz.、百香果濃縮汁1/2oz.、蘋果濃縮汁1/2oz.、柳橙濃縮汁1/2oz.、蜂蜜1/2oz.、熱開水2oz.、冰塊250g.

做法

1.果粒茶、熱開水倒入容器中，浸泡5分鐘後取出茶渣，將整個容器放入另一個大鍋中，隔冰水冷卻後，再將果粒茶倒入冰砂機。

2.放入所有濃縮汁、蜂蜜及冰塊，以高速攪打20秒鐘，倒入杯中即可飲用。

出水芙蓉

材料

果粒茶20g.、金桔濃縮汁1 1/2oz.、蜂蜜1 1/2oz.、熱開水2oz.、冰塊250g.

做法

1.果粒茶、熱開水倒入容器中，浸泡5分鐘後取出茶渣，將整個容器放入另一個大鍋中，隔冰水冷卻後，再將果粒茶倒入冰砂機。

2.放入金桔濃縮汁、蜂蜜及冰塊，以高速攪打20秒鐘，倒入杯中即可飲用。

歐陸風情

材料

果粒茶20g.、草莓濃縮汁1/2oz.、柳橙濃縮汁1oz.、蜂蜜1 1/2oz.、熱開水2oz.、冰塊250g.

做法

1.果粒茶、熱開水倒入容器中，浸泡5分鐘後取出茶渣，將整個容器放入另一個大鍋中，隔冰水冷卻後，再將果粒茶倒入冰砂機。

2.放入草莓濃縮汁、柳橙濃縮汁、蜂蜜及冰塊，以高速攪打20秒鐘，倒入杯中即可。

迷宮情迷

材料

果粒茶20g.、鳳梨濃縮汁1 1/2oz.、蜂蜜1 1/2oz.、熱開水2oz.、冰塊250g.

做法

1.果粒茶、熱開水倒入容器中，浸泡5分鐘後取出茶渣，將整個容器放入另一個大鍋中，隔冰水冷卻後，再將果粒茶倒入冰砂機。

2.放入鳳梨濃縮汁、蜂蜜及冰塊，以高速攪打20秒鐘，倒入杯中即可飲用。

星座冰砂 Constellation Sorbet

翡翠之吻
—牡羊座（3/21–4/20）

材料

薄荷蜜1 1/2oz.、柳橙濃縮汁1oz.、鮮奶1/4oz.、蜂蜜1oz.、冰塊250g.

做法

1.所有材料依序放入冰砂機中，以高速攪打20秒鐘。
2.倒入杯中即可飲用。

深情款款
—金牛座（4/21–5/21）

材料

百香果濃縮汁1 1/2oz.、柳橙濃縮汁1 1/2oz.、鳳梨濃縮汁1 1/2oz.、紅石榴汁1/2oz.、冰塊250g.

做法

1.所有材料依序放入冰砂機中，以高速攪打20秒鐘。
2.倒入杯中即可飲用。

你儂我儂
—雙子座（5/22–6/21）

材料

水蜜桃濃縮汁1 1/2oz.、紅石榴汁1/2oz.、檸檬汁1/2oz.、蜂蜜1oz.、冰塊250g.

做法

1.所有材料依序放入冰砂機中，以高速攪打20秒鐘。
2.倒入杯中即可飲用。

夢幻之戀
—巨蟹座（6/22–7/22）

材料

水蜜桃濃縮汁1/2oz.、蘋果糖漿2oz.、檸檬汁1/2oz.、冰塊250g.

做法

1.所有材料依序放入冰砂機中，以高速攪打20秒鐘。
2.倒入杯中即可飲用。

仲夏激情
—獅子座（7/23-8/22）

材料

荔枝濃縮汁2oz.、鳳梨濃縮汁1 1/2oz.、水蜜桃糖漿1/2oz.、萊姆汁1 1/2oz.、冰塊250g.

做法

1.所有材料依序放入冰砂機中，以高速攪打20秒鐘。
2.倒入杯中即可飲用。

真情難收
—處女座（8/23-9/23）

材料

鳳梨濃縮汁1 1/2oz.、柳橙濃縮汁1oz.、橘皮糖漿1/2oz.、紅石榴汁1/2oz.、檸檬汁1oz.、冰塊250g.

做法

1.所有材料依序放入冰砂機中，以高速攪打20秒鐘。
2.倒入杯中即可飲用。

神魂顛倒
—天秤座（9/24-10/23）

材料

柳橙濃縮汁1 1/2oz.、鳳梨濃縮汁1oz.、萊姆汁1/2oz.、琴酒1/2oz.、椰奶1 1/2oz.、冰塊250g.

做法

1.所有材料依序放入冰砂機中，以高速攪打20秒鐘。
2.倒入杯中即可飲用。

永恒之吻
—天蠍座（10/24-11/22）

材料

草莓濃縮汁1 1/2oz.、柳橙濃縮汁1oz.、草莓糖漿1/2oz.、鮮奶1oz.、蜂蜜1/2oz.、冰塊250g.

做法

1.所有材料依序放入冰砂機中，以高速攪打20秒鐘。
2.倒入杯中即可飲用。

忘情水
—射手座（11/23-12/21）

材料

檸檬濃縮汁1 1/2oz.、鳳梨濃縮汁1oz.、檸檬汁1/2oz.、可爾必思1oz.、蜂蜜1/2oz.、冰塊250g.

做法

1.所有材料依序放入冰砂機中，以高速攪打20秒鐘。
2.倒入杯中即可飲用。

紫色夢幻
—摩羯座（12/22-1/20）

材料

葡萄濃縮汁1 1/2oz.、柳橙濃縮汁1oz.、鳳梨濃縮汁1oz.、葡萄糖漿1/2oz.、鮮奶油1oz.、蜂蜜1/2oz.、冰塊250g.

做法

1.所有材料依序放入冰砂機中，以高速攪打20秒鐘。
2.倒入杯中即可飲用。

X情人
—水瓶座（1/21-2/18）

材料

水蜜桃濃縮汁1 1/2oz.、柳橙濃縮汁1/2oz.、鳳梨濃縮汁1/2oz.、水蜜桃糖漿1/2oz.、蛋黃1個、蜂蜜1/2oz.、冰塊250g.

做法

1.所有材料依序放入冰砂機中，以高速攪打20秒鐘。
2.倒入杯中即可飲用。

纏綿
—雙魚座（2/19-3/20）

材料

草莓濃縮汁1oz.、蘋果糖漿2oz.、紅石榴汁1/2oz.、檸檬汁1/2oz.、冰塊250g.

做法

1.所有材料依序放入冰砂機中，以高速攪打20秒鐘。
2.倒入杯中即可飲用。

工具材料行

Suppliers

一般超市、各大百貨公司的超級市場及家電用品店也多少有販售材料及機具，選購時須注意工具的功能性、保固維修證明，材料方面須特別留意製造廠商、成分是否標示清楚，才不會買到不良商品。如果想開店，建議你至下列門市採購，樣式較齊全。

忠非咖啡行	台北市敦化北路120巷76-1號1樓	(02) 2715-3083
禾豐餐具行	台北市忠孝東路三段10巷16號B1	(02) 2778-2811
冠大行有限公司	台北市遼寧街76巷2號	(02) 2741-6050
永利食品原料公司	台北市迪化街一段160號	(02) 2557-5838
福廣參茸藥行	台北市迪化街一段65號	(02) 2555-4380
艾佳食品有限公司	桃園縣中壢市黃興街111號	(03) 468-4557
永鑫食品機械有限公司	新竹市中華路一段193號	(035) 320-786
開元食品公司	新竹市光華二街88號	(035) 328-897
味典企業有限公司	台中市北屯區中清路137之8號	(04) 2425-6338
總信食品原料公司	台中市復興路三段109之4號	(04) 2220-2917
升華實業有限公司	彰化市金馬路三段58號	(04) 723-8839
順興食品材料行	南投縣草屯鎮中正路586之6號	(049) 2333-3455
元禾柔食品原料公司	嘉義市大雅路二段456號	(05) 260-1609
金玉統食品公司	雲林縣斗六工業區民富街21號	(05) 557-0647
艾快斯食品公司	台南縣東山鄉中興路38號	(06) 680-1169
五洲調酒協會	高雄市林森一路163號5樓之3	(07) 251-8976
建億食品原料行	高雄縣鳳山市凱旋路344巷1號	(07) 771-4714
梅珍香食品原料公司	花蓮市中華路486之1號	(038) 356-852

全世界都在流行的冰砂 Sorbet

何謂「冰砂」？就是加入碎冰以果汁機攪打成柔順可口的飲料，喝起來像小石子般細細沙沙的顆粒，這就是一年四季隨處可見的冰砂。冰砂是盛行於歐美多年，全世界正在流行的當紅炸子雞，近幾年才開始在台灣發燒，早期市面上多半只有咖啡冰砂，隨著流行的腳步，不管大人、小孩都愈來愈喜歡這種飲料，只要依照本書的做法，相信不必上街也可以品嘗到世界級的冰砂。書中包括目前最流行的68道家用冰砂、44道商用冰砂，更有詳盡的工具材料圖說(見p.5)及開店前的籌備工作(見p.96)，除了在家暢飲、招待客人外，也可以做為將來開店的參考依據。

從事飲料教學多年，我經常鼓勵學生及朋友，千萬別辜負大自然所賦予的豐富資源（如水果、花草等），趕緊動手製作天然、健康無負擔的冰砂及蔬果汁，不但省錢衛生，還可以大玩材料的配對遊戲，做出各種口味的飲料。由於越來越有心得，故將研究精華都收納於本書中與你分享，如有任何製作上的疑問，請與我聯絡0935-143-043。

很高興完成我人生的第一本書，成書期間，感謝忠非咖啡行、禾豐餐具行、冠大行有限公司及福廣蔘茸藥行的贊助與簡麗昭、何來金、黃昱涵等學生的幫忙。

蔣馥安

1959年生高雄市人
第六屆、第七屆全國調酒大賽
金爵獎評審委員

曾任

台北科技大學美食社飲料講師

現任

台北市中國青年服務社飲料講師
台北縣救國團飲料專業講師
復興中小學家政課飲料講師
戀戀風情餐飲班飲料講師

朱雀文化和你快樂品味生活

COOK50系列 特16開全彩，有重點步驟圖。

編號	書名	作者	價格
COOK50001	做西點最簡單	賴淑萍著	定價280元
COOK50002	西點麵包烘焙教室 —乙丙級烘焙食品技術士考照專書	陳鴻霆、吳美珠著	定價420元
COOK50003	酒神的廚房	劉令儀著	定價280元
COOK50004	酒香入廚房	劉令儀著	定價280元
COOK50005	烤箱點心百分百	梁淑嫈著	定價320元
COOK50006	烤箱料理百分百	梁淑嫈著	定價280元
COOK50007	愛戀香料菜	李櫻瑛著	定價280元
COOK50008	好做又好吃的低卡點心	金一鳴著	定價280元
COOK50009	今天吃什麼—家常美食100道	梁淑嫈著	定價280元
COOK50010	好做又好吃的手工麵包 —最受歡迎麵包輕鬆做	陳智達著	定價320元
COOK50011	做西點最快樂	賴淑萍著	定價300元
COOK50012	心凍小品百分百	梁淑嫈著	定價280元
COOK50013	我愛沙拉 —50種沙拉·50種醬汁的完美搭配	金一鳴著	定價280元
COOK50014	看書就會做點心—第1次做西點就OK	林舜華著	定價280元
COOK50015	花枝家族 —花枝·章魚·小卷·透抽·軟翅·魷魚大集合	邱筑婷著	定價280元
COOK50016	做菜給老公吃 —小倆口簡便省錢健康浪漫餐99道	劉令儀著	定價280元
COOK50017	下飯乀菜—讓你胃口大開的60道料理	邱筑婷著	定價280元
COOK50018	烤箱宴客菜—輕鬆漂亮做佳餚	梁淑嫈著	定價280元
COOK50019	3分鐘減脂美容茶—65種調理養生良方	楊錦華著	定價280元
COOK50020	中菜烹飪教室 —乙丙級中餐烹調技術士考照專書	張政智著	定價480元
COOK50021	芋仔蕃薯 —超好吃的地瓜芋頭點心料理	梁淑嫈著	定價280元
COOK50022	每日1000Kcal瘦身餐—88道健康窈窕料理	黃苡菱著	定價280元
COOK50023	一根雞腿—玩出53道雞腿料理	林美慧著	定價280元
COOK50024	3分鐘美白塑身茶—65種優質調養良方	楊錦華著	定價280元
COOK50025	下酒乀菜—60道好口味小菜	蔡萬利著	定價280元

TASTER系列 24開全彩，有重點步驟圖及開店須知。（贈送半透明書套，不會弄髒書）

編號	書名	作者	價格
TASTER001	冰砂大全—112道最流行的冰砂	蔣馥安著	特價199元
TASTER002	百變紅茶—112道最受歡迎的紅茶、奶茶	蔣馥安著	定價230元
TASTER003	清瘦蔬果汁—112道變瘦變漂亮的蔬果汁	蔣馥安著	特價169元

輕鬆做系列 24開全彩，有插圖及重點步驟圖。

編號	書名	作者	價格
輕鬆做001	涼涼的點心	喬媽媽著	特價 99元
輕鬆做002	健康優格DIY	陳小燕、楊三連著	定價150元

朱雀文化事業有限公司
台北市建國南路二段181號8樓
劃撥帳號：朱雀文化事業有限公司 19234566
TEL 886-2-2708-4888 FAX 886-2-2707-4633 e-mail redbook@ms26.hinet.net

TASTER001

國家圖書館出版品預行編目資料

冰砂大全--112道最流行的冰砂/
蔣馥安著.
-- 初版 --
臺北市：朱雀文化，2001[民90]
面； 公分. --(TASTER；001)
ISBN 957-0309-36-9(平裝)
1. 食譜 2. 冷飲

427.46 90008874

TASTER001

冰砂大全

112道最流行的冰砂

作者 蔣馥安
攝影 元舞影像
美術設計 葉盈君
食譜編輯 葉菁燕
企畫統籌 李 橘
發行人 莫少閒
出版者 朱雀文化事業有限公司
地址 北市基隆路二段13-1號3F
電話 02-2345-3868
傳真 02-2345-3828
劃撥帳號 19234566 朱雀文化事業有限公司
e-mail redbook@ms26.hinet.net
網址 http://redbook.com.tw
總經銷 展智文化事業股份有限公司
ISBN 957-0309-36-9
初版一刷 2001.07
初版二十刷 2005.07
定價 230元
出版登記 北市業字第1403號

TESTER
Sorbet